中国少年儿童科学普及阅读文库

探索·科学百科™ 中阶

纸张的生命

1级B2

[澳]梅瑞迪斯·柯思坦⊙著

朱惠萍(学乐·译言)⊙译

Discovery EDUCATION™

全国优秀出版社
全国百佳图书出版单位
广东教育出版社

广东省版权局著作权合同登记号
图字：19-2011-097号

本书原由 Weldon Owen Pty Ltd 以书名*DISCOVERY EDUCATION SERIES · The Life Cycle of Paper*（ISBN 978-1-74252-157-2）出版，经由北京学乐图书有限公司取得中文简体字版权，授权广东教育出版社仅在中国内地出版发行。

图书在版编目（CIP）数据

Discovery Education探索·科学百科. 中阶. 1级. B2，纸张的生命 / [澳]梅瑞迪斯·柯思坦著；朱惠萍（学乐·译言）译. — 广州：广东教育出版社，2012.6
（中国少年儿童科学普及阅读文库）
ISBN 978-7-5406-9079-3

Ⅰ.①D… Ⅱ.①梅… ②朱… Ⅲ.①科学知识－科普读物 ②纸－少儿读物 Ⅳ.①Z228.1 ②TS761-49

中国版本图书馆 CIP 数据核字(2012)第086419号

Discovery Education探索·科学百科（中阶）
1级B2 纸张的生命

著 [澳]梅瑞迪斯·柯思坦　　译 朱惠萍（学乐·译言）

责任编辑 张宏宇 李 玲　　助理编辑 能 昀 李开福　　装帧设计 李开福 袁 尹

出版 广东教育出版社
　　地址：广州市环市东路472号12–15楼　邮编：510075　网址：http://www.gjs.cn
经销 广东新华发行集团股份有限公司　　　　　　印刷 北京顺诚彩色印刷有限公司
开本 170毫米×220毫米　16开　　　　　　　　　印张 2　　　字数 25.5千字
版次 2016年3月第1版 第2次印刷　　　　　　　　装别 平装

ISBN 978-7-5406-9079-3　　定价 8.00元

内容及质量服务 广东教育出版社 北京综合出版中心
　　　　　电话 010-68910906 68910806　　网址 http://www.scholarjoy.com
质量监督电话 010-68910906 020-87613102　　购书咨询电话 020-87621848 010-68910906

Discovery Education 探索·科学百科（中阶）

1级B2 纸张的生命

全国优秀出版社
全国百佳图书出版单位

广东教育出版社

目录 | Contents

纸制品

人们的日常生活离不开纸制品。复印纸可以用来打印学校留的作业或者一系列的操作指南；人们阅读不同品种的纸制成的书本、报纸和杂志，享受它们所带来的乐趣；还用纸巾擦鼻子，用厨用卷纸吸干溢出的牛奶。纸不仅可以用来制作包装、猫砂、贺卡、纸币和墙纸等各种产品，甚至还可以制造衣物、烟囱和棺材。实际上，用纸或纸的衍生品制作的产品多达5000多种。

纸巾

制作纸巾的纸通常都用软化剂、湿润剂和香水处理过。

折纸

日本传统折纸艺术中使用的纸是一种很厚实的纸，由树皮制成。

报纸和杂志

美国每年要生产250亿份报纸和3.5亿本杂志。

礼品包装纸

五颜六色的包装纸由经过漂白的软木浆制成，那些漂亮的颜色是在印刷过程中加上去的。

纸灯笼

    在亚洲各国，每逢过节，街上就挂满了形状大小各异的纸灯笼。在纸袋里放一支蜡烛，最简单的纸灯笼就成形了。其他种类纸灯笼的做法相对较复杂，要用到竹子和金属箍，然后用彩色、有韧性的纸覆盖。

造纸的历史

英语里"纸（paper）"一词来源于埃及语中的"papyrus"【意为：纸莎草（suo 一声）纸】。古埃及人在用纸莎草杆制成的垫子上写字。但是这种造纸方法既耗时又昂贵。3000年后，中国人发明了"真正的"纸。

黑死病

早期欧洲人用的纸是由回收衣物的破布料做的。上百万感染黑死病死亡的人所留下的衣物为造纸提供了大量原料。

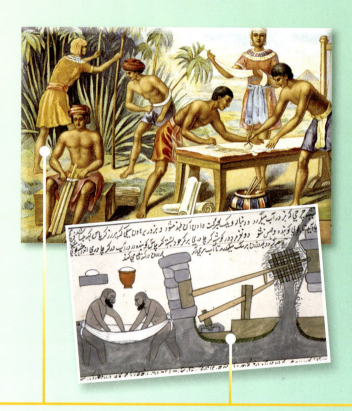

公元前3700年~公元前3200年
古埃及人将纸莎草杆切成细条，将其软化后制成纸莎草纸。

公元105年
中国汉朝的一位侍臣蔡伦，用桑树皮、亚麻布、和大麻叶造纸，这是现代纸的起源。

4~7世纪
造纸术和刻版印刷术传到了越南、朝鲜、尼泊尔、印度和日本。

8世纪
日本圣德女皇用中国的刻板印刷术在纸上印刷了上百万张祷告经文。

751年
造纸术和刻板印刷术由中国传入阿拉伯地区。

15世纪
德国人及其他欧洲人民用回收的棉花和亚麻布造纸。

1452年
德国人约翰内斯·古滕贝格（Johannes Gutenberg）印制了世界上第一本用金属活字印刷术印制的图书。

15世纪末
阿兹特克人独立发明了用龙舌兰纤维做的纸。

1719年
法国人勒内·德·留奥米尔（Rene dé Réamur）在观察大黄蜂筑巢的过程后，发现木头可以用来造纸。

18世纪末
法国人尼古拉斯·罗贝尔（Nicholas Robert）发明了一种机器，可以用来制造无缝长幅纸。

1838年
查尔斯·费内提（Charles Fenerty）用木头纸浆造出了第一张用来制作报纸的纸。

1870年
罗伯特·盖尔（Robert Gair）发明了能批量生产的瓦楞纸板箱。

纸从哪儿来？

纸张种类繁多，有平滑的光面纸，也有软皱的揉纸；有机器生产的，也有手工制造的。然而，所有的纸都是用不同材料的纸浆纤维压制而成。尽管人们可以用麦秸秆、甘蔗茎、废旧布料、棉花、亚麻以及大麻叶造纸，但是大部分的纸都是用木质纤维做成的。树木能够产生大量的造纸长纤维素，与其他原料相比，通过种植造纸林而获得的造纸材的成本较低。

不可思议！

一张纸中所含的纤维可能来自上百棵树。全世界每年大约生产3亿多吨纸。

用废旧布料做的纸

用废旧布料做的纸比较强韧，比用木头纤维做的纸寿命长，这种纸可以用回收的布料或者新棉花纤维制成。

松树属于软木

软木和硬木

树的种类不同，其所含纤维造出的纸也不同。软木一般用来生产报纸和纸巾。硬木则用来制造高级复印纸和书写纸。

桦树属于硬木

软木林

软木（又称针叶木），如松树、云杉等，生长在有专人管理的林场中。为了维持树木数量的稳定性，新种的树木数量要比砍掉的多。一般情况下，那些直径在20厘米以下，或者不宜用来制作坚固木制品的树需要砍伐。

伐木

砍树的过程被称作伐木。伐木的方法分几种。将一片区域内的树木都砍掉叫做皆伐。择伐则是砍伐特定的树木，留下其余的继续生长。一片森林的砍伐方式由林场管理人决定。对于在择伐中做了标记的树木，或者在皆伐中伐木机难以够到的树木，要用链锯解决。为了安全起见，在砍树时，让每棵树都倒向一个特定的方向。

皆伐

这一片皆伐区域里的树已经全部被砍掉了，只剩下一个光秃秃的山坡。皆伐可能导致土壤受侵蚀及其他问题。

择伐

在择伐时选定的树木，要用链锯砍。

伐木作业进行中

  像伐木归堆机这样的伐木机器是用来在皆伐区内砍树的。伐木归堆机相当于农用收割机。它的铁臂抓取一捆树木，用圆锯或者剪锯将它们从基部锯下。然后，用机器将砍下的树木垒成一堆，准备用打枝机除去树枝。最后，将这些木头装上卡车，运往锯木厂。

原木变成木片
的过程

运到锯木厂的原木先要被放入水中漂洗，清除泥土污物和其他杂质。接着，将被剥去树皮。这个过程要在除去原木表层的同时，尽量保留最多的木质。剥下的树皮既可以当燃料，也可以用作花园覆盖料。去皮后的原木经过机械刀片切成长约2.5厘米的木片。根据这些木片的尺寸分装，再运往造纸厂打碎后做成纸浆。

准备切片

一堆原木准备被送入切片机。这些木片大部分由林场的树木或者废弃木材，比如树枝、切割原木时留下的边角料组成。

运送木片

　　传送带的作用是将木片从切片机中运送出来，让它们累积成木片堆。随后将这些木片装上卡车，运往造纸厂，或运往码头，准备用船运往海外。

制作刨花板

　　刨花板是将木片和碎木薄片混合后，掺加胶水而制成的板材。板材经挤压变得更薄、更坚固，挤压的同时用树脂胶合，制成刨花板。随后将刨花板冷却，经加工整理，用砂纸磨光后，就可以用来制造家具了。

木片变成纸浆的过程

在造纸厂，要将木片中的植物纤维提取并分离出来，这一过程可以用机械碾磨的方法实现，也可以通过将其放入化学药水中加热来实现。这些化学药品可以溶解木头中黏合纤维的物质。之后，再将化学药品漂净。纸浆成品有糊状的纸浆浆料，还有冷却后压制成的纸浆板。

转化

将木片与烧碱放入高压蒸气炉中蒸煮，这样可以将黏合纤维的木质素分解。然后再将剩下的黑色液体与纸浆分开。

造纸厂

现代造纸厂需要使用大量的电力、水和木料。造纸机长度可达152米，能够生产10米宽的纸张。其转速超过每小时100 000米。

废弃物

　　造纸过程中产生的废弃物会加剧空气和水污染，也可能造成酸雨。

制浆的过程

　　木片打碎后形成流动的原料，此时如果有需要，可以将回收纸做的纸浆加入其中。

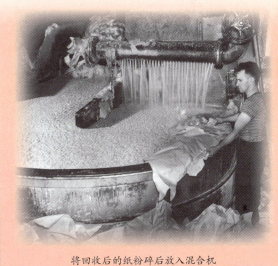

将回收后的纸粉碎后放入混合机

纸浆变成纸的过程

造 纸使用的浆料稀料中大约 99% 都是水，在造纸前，需要进行脱水操作。为此，造纸工人会把浆料铺在一个又长又宽的网筛——造纸网上，水透过造纸网滴落下来，浆料中的纤维开始聚合，形成薄薄的纤维层。纤维层经过被毛毡覆盖的两个相对着的滚辘压榨后，进一步脱水。随后，将纤维层通过内部有蒸气的滚筒加热，直到完全干透。这样，一张长长的纸页就形成了。

1 浆料流经网目筛。水份滤去后，里面的纤维形成薄层。

2 湿纸经过毛毡滚辘，然后在滚筒上加热，进一步脱水。

不可思议！

2002年，一位在校学生将一张纸连续对折了12次。在此之前，从来没有人能够将一张纸对折7次以上。你也试试吧！

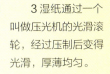

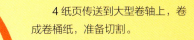

4 纸页传送到大型卷轴上，卷成卷桶纸，准备切割。

3 湿纸通过一个叫做压光机的光滑滚轮，经过压制后变得光滑，厚薄均匀。

5 在切割机上，纸页被切成各种长宽比例不一的纸张。

6 将切好的纸分叠，准备用盒子打包。

阅后即丢的读物
每年有上百万份报纸和用铜版纸印刷的杂志被丢进垃圾桶。

废纸分类
在回收中心，将废纸分门别类后，打包，准备送往造纸厂。

太浪费了！

全球每年生产的纸达 3 亿多吨。仅在美国，人们每年要消耗掉 400 万吨复印纸、20 亿本书、3.5 亿本杂志和 250 亿份报纸。这些纸加起来多得无法想象。此外，每年，人们邮箱中收到的垃圾邮件多达 900 亿封，这就是为什么美国人倾倒的垃圾中有 40% 都是纸制品。每生产一吨纸要消耗 2~4 吨的木材。因此，回收废纸不仅可以减少垃圾，还能够节约木材。

减少垃圾

通过回收利用废纸可以节约木材。有些纸张能够经多次回收后制成各种产品。60%的报纸是用回收的纸做的，纸板箱也可以经过回收后多次翻新。

回收 1.2 吨的纸……

节约 17 棵大树和 91 000 升水

我们为什么要回收利用纸?

利用回收的纸生产新产品能减少对地球上自然资源的消耗。我们不需要再砍伐那么多的树木,用来制造再生纸用的化学品很少,对环境的破环也小了。由于回收的纸中的植物纤维已经经过软化,所以也就不需再经过制造纸浆的化学过程了。

动物栖息地
　　树木和森林是动物的家园和庇护所,为鸟类及其他动物提供食物来源。

不可思议!
　　世界上独一无二、寿命最长的生物是一棵位于美国加利福尼亚州的狐尾松。这棵古老的树已经活了4700年了。当古埃及人还在造金字塔的时候,它就已经在生长了。

保护土壤
　　树根能够加固土壤,防止其被雨水冲刷而流失。

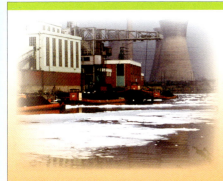

水污染

　　制造纸浆过程中排出的水流入河流、海湾后，会使河道中的有害化学物质逐渐增加，对鱼类生存和植被生长有害。

回收利用
如何减少污染

　　回收利用废纸可以减少危险化学物质和有害气体的产生，比如氯和沼气，这些物质会危及周围环境中的动植物和人的健康。

垃圾填埋池

　　废纸被填埋后会分解产生沼气，这是一种温室气体，由于这种气体极易燃烧，它能够引燃周围的废弃物。

树是勇士

　　二氧化碳能阻碍阳光产生的热能从地球上散发出去，从而导致地球大气层变暖。树木可以吸收二氧化碳，有助于防止地球变暖。

回收纸制品

复印纸

高质量的回收纸制品，如复印纸，是在回收纸做的纸浆中加入新纸浆制成的。

回收利用纸制品的方式分两种：开环式和闭环式。在开环式回收利用中，通过回收废旧材料制成的产品大多都不能再次进行回收。有些产品在经过几次回收利用后，如装鸡蛋的纸盒，其中的植物纤维过于脆弱而无法在造纸筛上缠结。所有纸的回收利用都是开环式的。

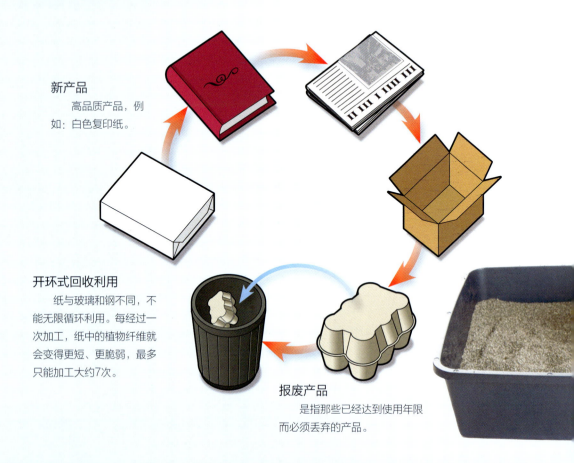

新产品

高品质产品，例如：白色复印纸。

开环式回收利用

纸与玻璃和钢不同，不能无限循环利用。每经过一次加工，纸中的植物纤维就会变得更短、更脆弱，最多只能加工大约7次。

报废产品

是指那些已经达到使用年限而必须丢弃的产品。

闭环式回收利用

　　在闭环式回收利用中，像铝罐、玻璃瓶之类的废旧产品可以经过一次次再造形成同样的产品。这些材料永远也不会废弃。

旧瓶子

零废物
　　闭环式产品可以无限循环利用。

新瓶子

善意倾倒
　　用过的玻璃瓶可以回收再造成新的。

报废

　　这些装鸡蛋的纸盒以及硬纸卷已经回收利用了很多次，这类产品不能再投入循环利用了。

宠物垫料

　　宠物垫料是低级回收产品的代表。在加工这种回收纸的过程中不会加入新的纸浆。

石膏灰泥板

　　石膏灰泥板是由回收纸做的纸浆夹在层层石膏之间制成的，用来建造墙壁和天花板，不能再回收利用了。

回收的过程

回收利用的过程实际上是从人们的家中或者办公室开始的。人们收集废旧纸张后放入回收箱准备送往回收站。在回收站，将这些纸进行归类后运往造纸厂重新制成各种不同的产品。

1 收集
　　废纸捆扎好后放入回收箱收集起来。

2 去回收站
　　卡车装载着废纸送往回收站。

8 准备上市
　　用回收纸浆生产的新产品供人们购买。

7 加纸浆
　　在回收纸制的纸浆中加入新纸浆，然后造纸。

不可思议！

　　在美国，办公人员人均一年的耗纸量高达10 000张，相当于每个人要用掉12.25千克的纸。

碎纸

　　有时，由于纸上会包含私人信息，人们会把纸放入碎纸机切碎。然而，碎纸机会将纸中的纤维切得过碎，从而给纸的回收利用造成困难。结果是这些碎纸常与其他低级材料一起回收，从而降低了利用率。

3 分类

　　不同种类的纸被分门别类后准备进入各级造纸流程。

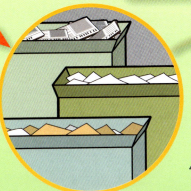

4 去造纸厂

　　这些纸被按压后，捆成大包，送往造纸厂。

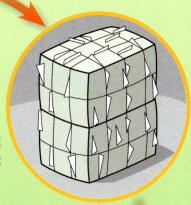

6 清洗

　　用筛子过筛过纸浆，去除回形针和订书钉，再用化学药水洗净墨水和粘胶。

5 制纸浆

　　将这些纸切碎，与热水混合形成纸浆。

节约与再利用

纸的回收利用有利于节约树木，减少污染和废物排放，保护自然环境。我们也可以通过其他渠道为此献出一己之力：我们可以节约纸张和其他纸制品；可以重复利用；重新考虑这些纸的用途。要做到这些其实很简单，比如，要在一张纸的正反两面都写上字；将撕碎的报纸当作覆盖料撒在花园里的植物上；或者用大麻叶等植物代替树木造纸。

纸盒戏法

重新利用硬纸盒的方法有许多。你可以在里面装书或玩具，也可以把它们撕碎了作堆肥，甚至还可以把它们变成宠物猫的游戏房，或者用它造一架你的"私人飞机"！

不可思议！

香蕉可以造纸吗？答案是：可以。在哥斯达黎加，一家公司在香蕉中的木质纤维中加入回收纸浆造出了新的香蕉纸。

纸VS电脑

在你使用电脑时，只打印真正需要的文件。文件的文字用单倍行距代替两倍行距。用发邮件代替写信。在做作业时，将需要的网页加入收藏夹，而不是把它们全都打印出来。

废纸变废为宝做燃料

废纸污物是指那些回收利用次数太多而不能再利用的残余物。人们常把它们作为垃圾填埋掉，而现在，则可以变为燃料，供给造纸厂运营。

延伸活动

设计一张海报，向你学校同学和小区邻居解释回收利用的好处，告诉他们一些回收废纸的小窍门。

这里为你开始这项活动提供几个建议：

1 为海报设计一个醒目的标题。

2 概括出回收利用废纸的原因。

3 列个清单写出可以用来回收的纸的种类，比如，复印纸和报纸。

4 举一些关于人们节约、重复利用和重新思考纸制品用途的例子。比如，用纸板箱来收纳玩具。

提示
你可以利用这本书上的相关材料。

知识拓展

阿兹特克人 (Aztecs)
  14世纪迁到墨西哥中部的民族，后来崛起为庞大帝国。

捆 (bales)
  扎成大包。

黑死病 (Black Plague)
  又称"Black Death"，是指14世纪在欧洲和亚洲蔓延的腺鼠疫，这场瘟疫夺去了许多人的生命。

漂白 (bleached)
  用化学药剂使物体变白。

压光机 (calender)
  一种机器，能将纸或布通过滚轴压制而变得光滑鲜亮。

二氧化碳
(carbon dioxide)
  阻止地球散热的气体。

烧碱 (caustic soda)
  一种用于造纸的腐蚀性很强的化学品。

堆肥 (compost)
  腐蚀树叶和植物的混合物，用来给土壤增肥。化学名：氢氧化钠。

传送带 (conveyor belt)
  一条滚动的带子，将产品从一道工序转向另一道工序。

提取 (extracted)
  用力拉出或吸出。

纤维 (fibers)
  上等线状物。

亚麻 (flax)
  叶子里含纤维的植物。

全球变暖
(global warming)
  地球大气层变暖，引起天气类型的变化。

栖息地 (habitat)
  动植物通常的生活环境。

大麻 (hemp)
  叶子里含纤维的植物。

垃圾填埋池 (landfill)
  将垃圾填埋在土层之间，形成一片低洼地带。

木质素 (lignin)
  木本植物细胞壁上的一种物质，能够使植物变得坚硬强韧。

亚麻布 (linen)
  用亚麻的纤维制作的材料。

伐木作业 (logging)
  为了取木材而砍树。

覆盖料 (mulch)
  置于植物周围的有机混合物，用来抑制杂草生长，保护土壤，使之变得肥沃。

自然资源
(natural resources)
  能够用来制造产品的自然生成资料。

纸莎草纸 (papyrus)
  古埃及人用纸莎草做成的一种纸。

林场 (plantation)
  专门为了使用木料来造纸而种植的森林。

纸浆 (pulp)
  除去木头中的其他成分仅保留纤维而形成的湿润物质。

回收利用 (recycling)
  使用费旧物品制造新产品。

浆料 (stock)
  木头、纸浆和水混合而成的稀薄汤状混合物。

木片 (woodchips)
  小块木头，可以碾磨成用于造纸的纸浆。

探索·科学百科™

Discovery
EDUCATION™

世界科普百科类图书领域最高专业技术质量的代表作

小学《科学》课拓展阅读辅助教材

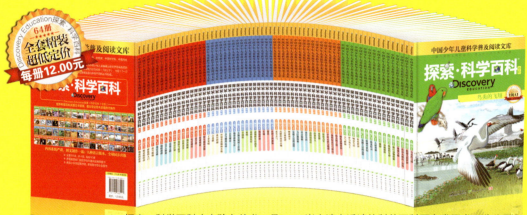

64册
全套精装
超低定价
每册12.00元

Discovery Education探索·科学百科（中阶）丛书，是7~12岁小读者适读的科普百科图文类图书，分为4级，每级16册，共64册。内容涵盖自然科学、社会科学、科学技术、人文历史等主题门类，每册为一个独立的内容主题。

Discovery Education
探索·科学百科（中阶）
1级套装（16册）
定价：192.00元

Discovery Education
探索·科学百科（中阶）
2级套装（16册）
定价：192.00元

Discovery Education
探索·科学百科（中阶）
3级套装（16册）
定价：192.00元

Discovery Education
探索·科学百科（中阶）
4级套装（16册）
定价：192.00元

Discovery Education
探索·科学百科（中阶）
1级分级分卷套装（4册）（共4卷）
每卷套装定价：48.00元

Discovery Education
探索·科学百科（中阶）
2级分级分卷套装（4册）（共4卷）
每卷套装定价：48.00元

Discovery Education
探索·科学百科（中阶）
3级分级分卷套装（4册）（共4卷）
每卷套装定价：48.00元

Discovery Education
探索·科学百科（中阶）
4级分级分卷套装（4册）（共4卷）
每卷套装定价：48.00元